AF586575

RAPPORT

SUR

LE CRÉDIT AGRICOLE

FAIT PAR M. J. B. JOSSEAU

AU NOM D'UNE COMMISSION SPÉCIALE

SUR LA DEMANDE DE

M. MÉLINE, MINISTRE DE L'AGRICULTURE

(SÉANCE DU 25 MARS 1885)

MESSIEURS,

Vous avez chargé une Commission spéciale (1) de

(1) La Commission était primitivement composée :

1° De MM. Chevreul, président ; J. B. Dumas, vice-président ; J. A. Barral, secrétaire perpétuel ; Lavallée, trésorier perpétuel ; Louis Passy, vice-secrétaire.

2° De MM. de Parieu, J. B. Josseau, Baudrillart, Gaudin, Léon Say, Eugène Marie, comte de Luçay, Doniol, de la Section d'économie, de statistique et de législation agricoles.

3° De MM. Dailly, Tisserand, Muret, Risler, de la Section de grande culture.

4° De MM. Bouley, Gareau, de la Section d'économie des animaux.

5° De M. Gaston Bazille, de la Section des cultures spéciales.

6° De M. Teisserenc de Bort, de la Section hors cadre.

Depuis sa formation, la Commission a perdu, par la mort, quatre de ses membres, MM. Dumas, Lavallée, Gaudin et Barral. M. Léon Say est devenu président de la Société, M. L. Passy a remplacé M. Barral comme secrétaire perpétuel, M. Bouquet de la Grye a été nommé vice-secrétaire en remplacement de M. Louis Passy, et M. Bertin a remplacé M. Lavallée comme trésorier perpétuel.

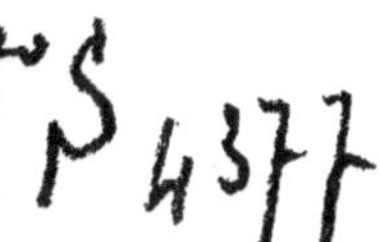

préparer les réponses à faire à la lettre par laquelle M. le Ministre de l'agriculture a demandé à notre Société son avis « sur l'utilité du crédit pour les agriculteurs, sur les dispositions propres à le leur procurer « et sur l'ensemble du projet de loi soumis au Sénat. » Cette Commission, après une étude attentive, a arrêté des résolutions qu'elle m'a confié l'honneur de vous exposer dans le présent Rapport, dont les termes ont obtenu son approbation.

§ I. — Mais avant de vous faire connaître ces résolutions, il nous paraît nécessaire, pour que vous puissiez mieux les apprécier, de rappeler brièvement les antécédents de la grave question qui, souvent posée, n'a point encore, en France, été résolue.

Il n'est pas de question sur laquelle plus d'études, plus de publications et d'enquêtes aient été faites, plus de renseignements aient été recueillis que celle du crédit agricole. Sans remonter plus loin qu'à l'année 1856, année de disette, nous voyons, dès cette époque, le Gouvernement, sous l'impulsion des réclamations émanées des chambres d'agriculture, des comices agricoles et des conseils généraux, nommer une Commission (1) auprès du Ministère de l'agriculture, du commerce et des travaux publics, avec la mission d'examiner les divers systèmes proposés pour la création d'une ou plusieurs banques agricoles, de donner son avis sur les moyens d'améliorer le crédit du cultivateur et de lui procurer l'argent nécessaire pour accroître la production du sol. Rejetant les systèmes entachés d'utopie qui étaient soumis à son examen, cette Commission se borna à demander la réforme de certaines dispositions de nos lois, afin de favoriser la constitution du gage à domicile, sa

(1) Cette Commission était composée de MM. Suin, président et rapporteur, Cornudet, comte de Germiny, J. B. Josseau, Grellet, Leroy, secrétaire.

réalisation plus prompte et plus facile, en cas d'inexécution des engagements du cultivateur, et la création, sous le patronage du Crédit foncier de France, d'un grand établissement qui, étendant ses opérations sur toute la surface du pays, servirait d'intermédiaire entre le cultivateur et le capitaliste, et offrirait la troisième signature nécessaire pour procurer à l'agriculteur l'escompte de son papier par la Banque de France.

Quelques années après le dépôt du Rapport de cette Commission, une institution centrale fut créée à Paris sur ces bases, et sanctionnée par la loi du 28 juillet 1860. Mais aucune réforme ne fut introduite dans la législation pour favoriser les prêts à l'agriculture.

Aussi la marche de l'institution ne tarda-t-elle pas à s'en ressentir, et dès 1865, touché des doléances de l'agriculture, le Gouvernement mit de nouveau la question à l'étude. Une Commission nouvelle fut instituée (1). Cette Commission, après avoir entendu les hommes les plus compétents, écarta d'abord l'idée de l'intervention de l'État dans l'organisation du crédit agricole et dans le fonctionnement des institutions de crédit agricole. Puis elle conclut, comme celle de 1856, à la nécessité d'améliorer le gage agricole par des réformes législatives.

Quelles devaient être ces réformes ?

Les mesures indiquées dans le projet de loi préparé par elle consistaient dans la modification, sans rien déranger à l'harmonie du Code civil, de onze articles de ce Code relatifs :

1° Au bail à cheptel (art. 1810, 1811, 1819, 1828), auquel ce projet rendait sa pleine liberté ;

(1) Cette Commission était composée de MM. Suin, sénateur, *président* ; comte de Germiny, sénateur; Cornudet, conseiller d'État ; Lepelletier d'Aulnay et Guillaumin, députés ; J. B. Josseau, député, *rapporteur*; de Raynal, premier avocat général à la Cour de cassation; de Monny de Mornay, directeur de l'agriculture ; Alauzet, chef de division au Ministère de la justice; Leroy, maître des requêtes au Conseil d'état, *secrétaire*.

2° Au stellionat (art. 2059), dont il étendait l'application à certaines dissimulations en matière de gage agricole ;

3° Au nantissement (art. 2071, 2076, 2078, 2090) qu'il permettait de constituer, dans certains cas, sans tradition et de réaliser avec rapidité ;

4° Aux privilèges sur certains meubles établis par l'art. 2102, dont il étendait l'application en limitant celui du propriétaire ;

5° A la création d'un privilège en faveur du vendeur d'engrais.

L'article 2 du projet, modifiant l'art. 634 du Code de commerce, y ajoutait un alinéa qui étendait la juridiction consulaire aux billets souscrits pour les besoins d'une exploitation agricole.

L'article 3 réduisait sensiblement les droits d'enregistrement pour tout ce qui concerne la constitution et la réalisation du gage agricole.

L'article 4 accordait aux tiers porteurs d'effets négociables créés pour règlement de fermages, frais de récoltes, achats de semences, engrais, instruments et bestiaux, ou avances faites pour ces opérations, une subrogation de plein droit dans le privilège assurant le paiement desdites créances, et autorisait les établissements publics de crédit à recevoir, sous certaines conditions, ces effets avec dispense d'une des signatures exigées par les statuts.

Enfin l'article 5 attribuait de plein droit aux créanciers privilégiés, dans l'ordre de leurs privilèges, sauf le cas de paiement fait de bonne foi avant toute opposition ou déclaration, les indemnités dues par les Compagnies d'assurance contre l'incendie, la grêle, la gelée, la mortalité des bestiaux et autres risques agricoles, ainsi que les prix encore dus par les acquéreurs d'objets donnés en gage.

En proposant ces réformes, la Commission ne se faisait pas l'illusion de croire que leur réalisation allait procurer à l'agriculture des capitaux en quantité indéfinie, à un taux inférieur à celui auquel se soumettent le commerce et l'industrie. Mais elle croyait à leur utilité pour améliorer le crédit des agriculteurs. « Rapprocher, au point de vue du crédit, disait-elle dans son Rapport, l'agriculture des conditions dans lesquelles se trouvent les deux autres branches de l'activité humaine, tel est le seul but vraiment pratique, tel est le seul problème dont les solutions puissent être avouées par la raison et par la science. C'est le seul aussi que nous nous soyons proposé de résoudre. »

Mais ce projet, dont les bases furent acceptées par un grand nombre de déposants lors de la grande enquête agricole ouverte à la fin de l'année 1866 dans tous les départements, ne fut point adopté par le Conseil d'État, et, dès lors, il ne fut pas présenté aux Chambres législatives.

En même temps que la Commission ministérielle fonctionnait, notre Société, pénétrée des besoins de l'agriculture, mettait le même sujet à l'étude, et, dans sa séance du 13 juin 1866, elle adoptait les résolutions suivantes :

« Que le privilège du propriétaire sur toutes les valeurs mobilières du fermier soit limité; que l'article 2102 du Code Napoléon soit modifié dans ce sens : que dorénavant, et sans qu'il puisse être porté aucune atteinte aux contrats actuels, les droits concédés au propriétaire par l'article précité ne puissent s'étendre, sauf convention contraire, à plus d'un an et à l'année courante, non compris les termes échus et payés ; »

« Que la garantie accordée au propriétaire sur les récoltes et autres objets garnissant la ferme cesse d'être personnelle, et devienne susceptible de substitution ; »

« *Que le nantissement à domicile des valeurs du* « *fermier devienne possible;* »

« Que la législation commerciale, plus expéditive et plus économique que la législation civile, soit accordée; »

« Que les articles du Code qui régissent le cheptel soient réformés dans le sens d'une liberté entière. »

Plus tard, en 1879, sur la proposition de M. le comte d'Esterno et sur le rapport de M. Victor Borie, notre Société réclamait la liberté des conventions en matière de cheptel; et enfin, le 17 mars 1880, dans l'enquête ouverte à la demande du Ministre de l'agriculture sur la situation de l'agriculture en France, elle émettait le vœu suivant :

« La Société pense qu'il est urgent de supprimer « les dispositions législatives qui empêchent l'agricul- « ture de pouvoir jouir des institutions de crédit qui, « jusqu'ici, ont été créées presque exclusivement en « faveur de l'industrie et du commerce. »

De son côté, la Société des agriculteurs de France, dans ses sessions de 1868, 1870, 1872, 1874, avait émis des vœux analogues tendant à la constitution d'un gage sans déplacement, à l'exécution rapide du gage et à l'application aux agriculteurs de la juridiction commerciale; et, dans le Congrès tenu par elle en 1878, au Trocadéro, lors de l'Exposition universelle, elle ouvrait, en présence et avec le concours de nombreuses notabilités étrangères, une solennelle discussion sur ce grave sujet.

C'est à la suite de ces précédents, et sous la pression de réclamations suscitées par une série de mauvaises récoltes, qu'une troisième Commission (1) fut nommée

(1) Cette Commission, qui a eu d'abord et successivement pour présidents MM. Léonce de Lavergne et Magnin, sénateurs, a fini par être ainsi composée : MM. J. Bozérian, sénateur, *président*; Denormandie, sénateur, gouverneur de la Banque de France; Garnier, sénateur; Bethmont, vice-président de la Chambre des députés

par le Ministère de l'agriculture et du commerce pour examiner :

1° S'il y avait lieu par l'État de prêter son concours à la création d'une ou plusieurs institutions de crédit agricole ;

2° Quelles réformes il serait utile ou nécessaire d'opérer dans la législation actuelle pour favoriser le développement de ce crédit.

Après avoir recueilli en France l'avis des conseils généraux et pris des renseignements à l'étranger par l'intermédiaire des consulats, la Commission en vint à reconnaître, comme l'avait fait celle de 1866, qu'il fallait écarter l'intervention de l'État dans la création et dans la direction des établissements de crédit agricole (1), et que le rôle des pouvoirs publics devait se restreindre à modifier les dispositions législatives qui pouvaient entraver le développement de ce crédit.

Ce point de départ une fois arrêté, elle rédigea un projet de loi divisé en trois propositions :

Christophle, député, gouverneur du Crédit foncier de France ; Drumel, député ; Proust (Antonin), député ; Borie (Victor), membre de la Société nationale d'agriculture de France ; Tisserand, directeur de l'agriculture et membre de la Société nationale d'agriculture de France ; Dufrayer, directeur de la Caisse des dépôts et consignations ; le comte d'Esterno, membre de la Société nationale d'agriculture de France ; Mauguin, rédacteur à la direction de l'agriculture (Ministère de l'agriculture et du commerce), *secrétaire*.

(1) Cette doctrine de l'attribution exclusive à l'initiative privée du soin d'organiser et de développer le crédit agricole, a été affirmée de nouveau en 1882 par une Commission spéciale instituée au Ministère des finances, et qui se trouvait ainsi composée : MM. Denormandie, sénateur, *président* ; Christophle (Albert), gouverneur du Crédit foncier de France ; Frédéric Passy, député ; Tisserand, conseiller d'État, directeur de l'agriculture ; Dufrayer, conseiller d'État, directeur des Caisses d'amortissement et des dépôts et consignations ; Gay, directeur du mouvement général des fonds ; Risler, directeur de l'Institut national agronomique ; comte d'Esterno et comte de Luçay, membres de la Société nationale d'agriculture de France ; de Molinari, membre correspondant de l'Académie des sciences morales et politiques, *rapporteur*.

La première est relative au cheptel, pour l'établissement duquel elle proclame la complète liberté des conventions (Art. 5).

La deuxième est relative au nantissement à domicile des ustensiles, animaux ou produits agricoles (Art. 18).

Pour la constitution d'un gage de cette nature, il suffit d'une déclaration verbale devant le juge de paix du canton. La transcription est nécessaire pour rendre ce privilège opposable aux tiers. Il prend rang après le privilège du propriétaire; mais ce dernier privilège est restreint aux fermages des deux dernières années échues, de l'année courante, et d'une année à partir de l'expiration de l'année courante.

En cas d'inexécution des engagements pris par l'emprunteur, le créancier peut, huit jours après la mise en demeure, faire procéder à la vente publique des objets qui lui ont été donnés en gage sans déplacement.

Enfin, tout emprunteur qui aura frauduleusement déplacé, détourné ou dissipé les objets engagés au préjudice du créancier, sera passible des peines portées par l'art. 408 du Code pénal.

La troisième proposition est relative à ce que la Commission, créant un mot nouveau, appelle la *commercialisation* des engagements de l'agriculteur. Elle soumet celui-ci à la juridiction des tribunaux de commerce, lorsqu'il appose sa signature, ou celle de la Société qu'il dirige, sur un chèque ou même sur un billet simple, quand son obligation a pour cause une opération agricole.

Ce projet de loi n'a pas été accepté dans son entier par le Gouvernement. Après en avoir retranché, sur l'avis du Ministre de la justice, la proposition relative au cheptel, M. de Mahy, ministre de l'agriculture, et M. Léon Say, ministre des finances, l'ont présenté au Sénat.

Devant la commission sénatoriale, dont l'honorable M. Labiche a été nommé rapporteur, il a subi de graves modifications.

C'est ainsi que, d'après le nouveau projet, le nantissement sans déplacement devient applicable, non plus seulement au mobilier agricole, mais à tout bien meuble corporel, et peut profiter non seulement aux agriculteurs, mais à tout individu, qu'il soit propriétaire, industriel ou commerçant.

C'est ainsi encore que le gage ne peut être constitué que par écrit, et que la transcription du contrat, au lieu d'être obligatoire, devient facultative, sauf, bien entendu, les droits des tiers.

La restriction du privilège du bailleur aux fermages des deux dernières années échues, de l'année courante et d'une année à partir de l'expiration de l'année courante, n'est plus seulement appliquée à celui qui prête au *cultivateur* sur gage à domicile; elle est étendue par la Commission à tous les *loyers* sans distinction, et elle doit produire son effet vis-à-vis de tous les créanciers quels qu'ils soient, d'un locataire de maisons aussi bien que d'un fermier.

Enfin la commission sénatoriale attache la commercialisation, non plus à la *cause* de l'engagement, mais à sa *forme*, et soumet à la juridiction des tribunaux de commerce tout souscripteur, quel qu'il soit, d'un billet à ordre, que la cause soit ou non commerciale.

Vous savez, Messieurs, les attaques dont ce projet a été l'objet au Sénat, et comment, après le rejet de l'article 1er, il a été, sur la demande de son éminent président, M. de Parieu, renvoyé à la Commission. Vous savez aussi comment, sur le désir que lui a exprimé la Commission de connaître l'avis de la Société nationale d'agriculture, M. le Ministre s'est adressé à elle pour avoir son opinion, tant sur l'utilité du crédit pour les agriculteurs, que sur les moyens propres à le leur procurer et sur l'ensemble du projet de loi.

La Commission que vous avez désignée, avant d'arrêter ses résolutions, a jugé convenable d'associer les membres de notre Compagnie et ses correspondants à l'œuvre utile à laquelle M. le Ministre l'avait conviée. Quelque nombreux que soient déjà les documents recueillis depuis trente ans sur la question du crédit agricole, elle a ouvert une enquête et posé à ses membres et correspondants les sept questions suivantes :

QUESTIONNAIRE.

I. *Le crédit dont jouit l'agriculture est-il suffisant pour les besoins de l'exploitation du sol ?*

II. *Est-il utile qu'une loi intervienne pour améliorer les conditions du crédit et placer l'agriculture, à ce point de vue, et autant que le comporte la nature des choses, sur un pied d'égalité avec le commerce et l'industrie ?*

L'extension du crédit serait-elle, au contraire, de nature à porter préjudice à l'agriculture ?

III. *Dans le cas où une législation nouvelle paraîtrait nécessaire, quelles seraient les dispositions à adopter, ou les modifications à introduire dans les lois actuelles ?*

Devrait-on, notamment, par dérogation aux articles 2076 et suivants du Code civil, permettre au cultivateur, propriétaire ou fermier, d'emprunter, tout en en conservant la possession, sur ses récoltes encore pendantes, sur ses produits récoltés, sur les coupes ordinaires de bois taillis ou de futaies régulièrement aménagées dans l'année qui précède celle de l'abatage, sur les ustensiles agricoles ou les animaux, lorsque ces ustensiles ou ces animaux ont été attachés au fonds rural par un fermier, colon ou métayer, ou par un propriétaire qui exploite lui-même son immeuble?

A quelles conditions pourraient se faire des prêts?

Devrait-on, pour la constitution du nantissement, exiger un écrit et en prescrire la publicité obligatoire, soit par la transcription, soit par l'enregistrement?

IV. *Convient-il d'appliquer, pour la réalisation du gage donné par un agriculteur, en cas de non paiement à l'échéance, les formalités plus expéditives et plus économiques qui sont prescrites par la législation commerciale?*

V. *Convient-il d'assimiler l'agriculteur au commerçant, au point de vue de la juridiction, soit lorsque la* cause *de l'engagement est agricole, soit lorsque ledit engagement, qu'elle qu'en soit la cause, est pris sous la* forme *d'un billet à ordre?*

VI. *Est-il dans l'intérêt du crédit des fermiers que le privilège établi par l'article 2102 du Code civil en faveur du propriétaire, sur les valeurs mobilières garnissant la ferme, soit limité, comme le propose le projet de la commission sénatoriale, aux fermages des deux dernières années, de l'année courante, et d'une année à partir de l'expiration de l'année courante?*

VII. Les membres et les correspondants étrangers *sont priés de faire savoir si, dans leur contrée, l'agriculture jouit de tout le crédit dont elle peut avoir besoin. Trouve-t-elle à emprunter facilement et à de bonnes conditions? Quelle est la législation qui régit cette matière? Est-ce celle du droit commun, ou bien existe-t-il une législation spéciale pour favoriser le crédit agricole mobilier?*

Existe-t-il des banques locales suffisantes pour donner satisfaction aux besoins de l'agriculture?

A quel taux prêtent ces banques? Se bornent-elles à faire des prêts à l'agriculture, ou prêtent-elles également au commerce et à l'industrie?

Un assez grand nombre de membres et de correspondants de notre Compagnie ont répondu à notre appel. Cent deux réponses sont venues de la France; des réponses assez nombreuses aussi sont venues de l'étranger; les premières forment, avec les projets de loi et les précédentes délibérations de notre Société sur le crédit agricole, le premier volume qui vous a été distribué; les secondes composent le premier fascicule du second volume, que complètera la publication de nos nouvelles études sur ce sujet.

Nous devons maintenant, Messieurs, vous faire connaître les résultats de cette enquête, et l'opinion à laquelle s'est arrêtée la Commission sur chacun des points indiqués dans le Questionnaire ci-dessus reproduit.

Nous ne saurions suivre, dans cette partie du présent Rapport, un ordre meilleur que celui adopté par la Commission elle-même pour le Questionnaire qu'elle a adressé aux membres et correspondants de la Société.

PREMIÈRE QUESTION.

Le crédit dont jouit l'agriculture est-il suffisant pour les besoins de l'exploitation du sol?

Lorsqu'on interroge les dépositions de l'enquête sur cette question, on est surpris de n'y trouver qu'une majorité de 61 déposants qui constatent l'insuffisance du crédit accordé à l'agriculture, tandis que 38 autres, ou le trouvent suffisant, ou croient que son extension serait dangereuse.

Comment, en effet, après les longues études qui ont été faites sur cette question, après les travaux des Commissions de 1856, de 1866, de 1879, après les constatations de la grande enquête agricole de 1866, après les vœux et les plaintes tant de fois formulés de tous les organes autorisés de l'agriculture, par la Société nationale, par la Société des agriculteurs de France, et tout récemment (1880) par la majorité des conseils généraux, comment peut-on nier que l'agriculture en général manque de l'argent nécessaire pour l'exploitation fructueuse du sol, et qu'elle n'en trouve pas à des conditions suffisamment modérées ? Ne sont-ce pas là aujourd'hui des faits acquis et absolument indéniables ?

Qu'il y ait des contrées où cette insuffisance de crédit ne se fait pas sentir, nous devons l'admettre, puisque quelques-uns de nos correspondants le déclarent. Mais, d'abord, est-ce bien dans ces contrées que se font les plus grands progrès agricoles ? Et, d'ailleurs, qu'importe cette exception ? Si la majorité des contrées agricoles souffre de cette insuffisance, n'est-il pas juste de lui venir en aide en lui donnant la satisfaction qu'elle réclame ?

Mais, dit-on, l'extension du crédit est dangereuse, et tout cultivateur qui emprunte marche à sa ruine. Cela peut être vrai du cultivateur, comme du commerçant ou de l'industriel, lorsqu'il emprunte sans discernement. Mais généraliser cette formule, n'est-ce pas commettre une grave inexactitude ? Pour un emprunt inconsidéré, combien d'emprunts féconds peuvent être effectués ? « Sans le crédit, en effet, dit le Rapport de 1866, n'est-ce pas en vain que la science découvre chaque jour de nouveaux éléments de fertilisation destinés à combattre l'épuisement de la terre ? N'est-ce pas en vain que la mécanique invente des engins qui suppléent au défaut des bras et accélèrent la rapidité du travail ?

« Sans le crédit, l'agriculteur ne peut profiter des avantages que lui offrent tous ces moyens d'accroître sa production et de diminuer ses frais. Sans le crédit, il ne peut, le plus souvent, après sa récolte, attendre un moment favorable pour la livrer au commerce. Pour payer les frais de sa culture et subvenir aux besoins de sa famille, il est obligé, s'il ne veut pas se mettre à la merci de l'usurier des campagnes, de se défaire de sa marchandise en temps inopportun ; et c'est ainsi qu'à certaines époques de l'année, l'encombrement des céréales sur les marchés devient une cause bien connue de l'avilissement des cours. La conséquence fatale de cet état de choses, quelle est-elle ? C'est que les années d'abondance elles-mêmes ne donnent point au cultivateur les moyens de réparer les pertes que lui occasionnent les années de disette, ainsi que les fléaux, les accidents et les maladies épidémiques qui frappent si souvent ses bestiaux et ses récoltes. L'utilité de donner du crédit à l'agriculture est donc incontestable, soit au point de vue de son intérêt particulier, soit au point de vue de l'intérêt public auquel il est intimement lié. Mettre aux mains de l'agriculteur les moyens d'acheter, en temps opportun et au meilleur marché possible, des outils, des bestiaux et des engrais, de pratiquer, sur la terre qu'il cultive, des travaux d'amélioration, de choisir le meilleur moment pour l'écoulement de ses produits, c'est non seulement contribuer à son bien-être ou conjurer sa ruine, mais c'est atténuer les effets des grandes calamités publiques et alimenter les sources de la prospérité du pays. »

Si ces considérations sont vraies, n'est-ce pas surtout à notre époque, où la concurrence étrangère met l'agriculture française dans l'absolue nécessité de recourir à tous les moyens de diminuer son prix de revient en obtenant une production plus abondante sur un espace déterminé ? Comment pourrait-elle y parvenir, si ce n'est en demandant au crédit les ressources indispensables pour se procurer des instruments perfectionnés et des engrais ? Sans doute, dans certains pays, la routine est tenace et il y aura des résistances, ou des essais mal compris ; mais n'est-ce pas le devoir du législateur d'offrir des facilités, soit pour entrer dans la culture, soit pour permettre aux cultivateurs qui veulent rompre avec des traditions surannées de s'engager résolument dans la voie du progrès ?

Doit-on craindre que des facilités trop grandes de crédit n'amènent les cultivateurs à faire des emprunts excessifs ? Sans doute, il pourra se produire des abus ; mais la prudence bien connue des cultivateurs peut nous inspirer la confiance que ces abus ne se généraliseront pas, et que les erreurs du début, s'il en survient, deviendront par la suite de plus en plus rares. Le plus souvent, lorsque le cultivateur empruntera pour augmenter ses moyens d'action, il trouvera, dans l'excédent du produit, les moyens de payer l'intérêt du capital prêté et de percevoir en plus un bénéfice légitime pour la rémunération de son travail. De quoi s'agit-il après tout ? D'accorder au cultivateur des facilités dont jouissent, d'après nos lois, le commerçant et l'industriel. Pourquoi donc craindrait-on de sa part un usage plus abusif qu'on ne le redoute de la part de ces derniers ? Il y a des protections qui écrasent à force de défendre. Le cultivateur est-il donc un mineur ? S'il l'est encore, n'est-il pas temps de l'émanciper ? Si l'on veut l'aider à surmonter la crise agricole, le moment est venu de lui ouvrir l'accès du crédit, en faisant disparaître les entraves que lui oppose la législation.

Telles sont les raisons qui ont déterminé votre Commission à répondre, sur la première question, que le crédit de l'agriculture n'est pas suffisant, en général, pour les besoins de l'exploitation du sol.

DEUXIÈME QUESTION.

« *Est-il utile qu'une loi intervienne pour amé-*
« *liorer les conditions du crédit et placer l'agricul-*
« *ture à ce point de vue, et autant que le comporte*
« *la nature des choses, sur un pied d'égalité avec*
« *le commerce et l'industrie ?*
« *L'extension du crédit serait-elle, au contraire,*
« *de nature à porter préjudice à l'agriculture ?* »

La solution que nous avons donnée à la première question nous conduit tout naturellement à celle qu'il convient de donner à la seconde.

Écartons d'abord le dernier alinéa, relatif aux prétendus dangers de l'extension du crédit. Il vient d'y être suffisamment répondu.

Quant à l'utilité de dispositions législatives pour améliorer le crédit et mettre l'agriculteur sur un pied d'égalité avec le commerçant et l'industriel, elle se démontre par l'examen de la question suivante : La loi actuelle ne renferme-t-elle pas des entraves au crédit de l'agriculteur, entraves qui n'existent pas pour le commerce et l'industrie ?

Ainsi formulée, la question n'est pas douteuse, et la majorité des déposants à l'Enquête (32 contre 27), appartenant surtout aux régions du Nord et de l'Est, réclame l'intervention de la loi pour favoriser l'extension du crédit agricole.

Votre Commission, Messieurs, n'a pas hésité à se ranger à cette opinion.

Pour se rendre compte de l'utilité de cette intervention, il suffit de jeter un coup d'œil sur quelques-unes des lois qui empêchent l'agriculture de se procurer, à des conditions modérées, tout l'argent dont elle a besoin.

Nous rencontrons d'abord l'article 2076 du Code civil qui exige, pour que le gage soit régulièrement constitué, la tradition aux mains du créancier. Or, quel gage mobilier le cultivateur peut-il offrir? Ses bestiaux, ses instruments aratoires, ses récoltes engrangées. Mais comment pourrait-il s'en dessaisir puisque ces choses lui sont nécessaires pour sa culture? D'autre part, comment le créancier pourrait-il recevoir chez lui des objets d'une nature aussi encombrante? De là l'utilité de modifier l'article 2076. Nous reviendrons plus en détail sur ce sujet à propos de la troisième question.

C'est aussi dans le but de favoriser le crédit de l'agriculteur que l'on se préoccupe, avec raison, de modifier d'autres lois qui ne permettent la mise à fin des poursuites judiciaires et la réalisation du gage qu'avec des frais élevés et des lenteurs prolongées. L'agriculture moderne tend par la force même des choses à se rapprocher de plus en plus des autres branches de l'industrie ; elle tend à devenir une industrie comme une autre : alors pourquoi ces différences dans la législation qui la régit?

Si on veut lui donner du crédit, il faut commencer par simplifier et abréger les formalités des poursuites dirigées contre le débiteur qui n'acquitte pas ses engagements à l'échéance. L'un des moyens les plus efficaces pour habituer les cultivateurs à exécuter fidèlement leurs engagements, c'est de déclarer que les gages par eux donnés seront réalisés après une simple mise en demeure, et que les tribunaux de commerce, dont la procédure est sommaire, connaîtront des actions intentées contre tout propriétaire d'un fonds rural, fermier ou métayer, qui aura apposé sa signature, à quelque titre que ce soit, par exemple comme endosseur ou donneur d'aval, sur un billet à ordre ou sur un mandat ayant pour cause une dette contractée pour les besoins d'une exploitation agricole.

Économie de frais, rapidité de jugement et d'exécution, sanction efficace à la parole donnée : tels seraient les résultats de cette réforme. Il n'en est aucune qui puisse contribuer davantage à provoquer la confiance des capitaux et à consolider le crédit de l'agriculture.

Ainsi l'ont compris le plus grand nombre de nos correspondants. Et s'il en est un certain nombre qui se sont abstenus, les uns purement et simplement sans donner de motifs, les autres en déclarant qu'ils ne se croyaient pas assez de compétence pour exprimer une opinion sur cette matière, ces abstentions, motivées ou non, ne sauraient infirmer en rien l'opinion solidement motivée de la majorité, à laquelle s'est ralliée votre Commission.

En cela, elle a été d'accord avec l'avis exprimé depuis longtemps par beaucoup de commissions nommées à cet effet et en particulier par notre Société.

TROISIÈME QUESTION.

« *Dans le cas où une législation nouvelle paraî-*
« *trait nécessaire, quelles seraient les dispositions*
« *à adopter, ou les modifications à introduire dans*
« *les lois actuelles ?*

« *Devrait-on, notamment, par dérogation aux*
« *articles 2076 et suivants du Code civil, permettre*
« *au cultivateur, propriétaire ou fermier, d'em-*
« *prunter, tout en en conservant la possession, sur*
« *ses récoltes encore pendantes, sur ses produits ré-*
« *coltés, sur ses coupes ordinaires de bois taillis ou*
« *de futaies régulièrement aménagées dans l'année*
« *qui précède celle de l'abatage, sur les ustensiles*

« *agricoles ou les animaux, lorsque ces ustensiles* « *ou ces animaux ont été attachés au fonds rural* « *par un fermier, colon ou métayer, ou par un* « *propriétaire qui exploite lui-même son im-* « *meuble ?*

« *A quelles conditions pourraient se faire les* « *prêts ?*

« *Devrait-on, pour la constitution du nantisse-* « *ment, exiger un écrit et en prescrire la publicité* « *obligatoire, soit par la transcription, soit par l'en-* « *registrement ?*

Cette question est sans contredit la plus importante de notre enquête. Elle est née de l'article 1er du projet du Gouvernement et des articles 1er, 2 et 15 du projet de la commission sénatoriale.

Ces articles sont ceux qui posent le principe de la constitution du gage à domicile, avec cette différence que le premier projet restreint la dérogation proposée à l'article 2076 aux prêts agricoles et aux objets dépendant d'une exploitation rurale, tandis que le second l'étend à tous les objets mobiliers quels qu'ils soient et à tous les prêts, même non agricoles.

C'est contre la création du gage à domicile qu'ont été dirigées les plus vives attaques dans la discussion sénatoriale.

Il importait donc d'appeler tout particulièrement l'attention de nos correspondants sur cette innovation.

Devait-elle être féconde ?

Devait-elle être inutile ou même dangereuse ?

Tel était l'objet de notre étude.

En interrogeant les dépositions de l'enquête, nous y avons trouvé une grande variété d'opinions.

Sur 92 correspondants qui ont répondu aux divers alinéas de cette question, il en est 67 qui admettent des modifications aux lois actuelles ; 25 les repoussent,

10 s'abstiennent ; seulement les 67 réponses affirmatives ne sont pas toutes favorables à la constitution du gage à domicile tel que l'organise le projet de loi : 33 la réclament, 25 la repoussent et 9 ne concernent pas la question.

Il est bon de remarquer que la grande majorité des déposants qui acceptent l'innovation proposée, ou la regardent comme utile et nécessaire, appartiennent aux régions du Centre et du Midi. Dans les régions septentrionales, de l'est à l'ouest, il y a généralement abstention ou opposition sur la question.

En présence de cette enquête, qui ne donne qu'une faible majorité au projet soumis au Parlement, votre Commission a cru nécessaire de se livrer à une étude approfondie.

Elle s'est d'abord mise en présence des décisions antérieures de notre Compagnie.

Dès 1866, en effet, la Société a émis un vœu favorable en principe à la constitution du gage à domicile : ce vœu, que nous avons reproduit plus haut, elle l'a implicitement renouvelé en 1879.

Devions-nous y persister, ou, au contraire, devions-nous le repousser aujourd'hui ?

Après un mûr examen, votre Commission a été d'avis qu'il y avait lieu d'y persister.

Elle a puisé les éléments de sa conviction non seulement dans l'enquête, mais dans tous les documents qui ont été publiés sur ce sujet par les hommes les plus compétents, et surtout dans des considérations tirées des conditions actuelles de l'industrie agricole.

Les conditions de l'agriculture sont bien différentes aujourd'hui de ce qu'elles étaient au commencement du siècle, au moment de l'élaboration de notre Code civil. La rapidité des moyens de transport aujourd'hui en usage, les facilités d'échange qui en sont résultées, la mise en culture de contrées nouvelles, l'emploi à l'étranger d'un puissant outillage, ont bouleversé les vieux errements de l'agriculture. En présence de la production énorme, obtenue depuis quelques années dans des pays nouveaux, où l'on acquiert presque pour rien des terres immenses d'une grande fertilité et dont l'*humus* a plusieurs mètres de profondeur; en présence de la concurrence de cette nouvelle culture qui exporte avec profit des blés dont le prix, une fois qu'ils sont déchargés sur les quais de nos ports, s'élève aux environs de 14 ou 16 francs l'hectolitre, l'agriculture nationale ne pourra se soutenir que si elle fait un grand effort pour transformer et perfectionner ses méthodes. Associations, emploi de machines, irrigations, drainages, meilleur choix de graines et de races, tout doit être essayé dans ce but. Mais, il faut le reconnaître, ces tentatives ne pourront être faites efficacement qu'avec l'aide de nouveaux capitaux et du crédit.

Or, dans l'état actuel de la législation, le crédit est, pour ainsi dire, interdit à l'agriculture.

« Le crédit, disait le Rapport de 1866, a sa base principale dans la confiance qu'inspire la personne qui emprunte. Lorsque cette garantie est la seule que le débiteur offre au créancier, le crédit est alors *personnel*. Lorsqu'il affecte ses biens, le crédit est *réel*, et, suivant que ces biens sont des immeubles ou des meubles, le crédit est *hypothécaire* ou *mobilier*. Si la personne et les biens sont appelés simultanément à garantir la dette, la confiance s'accroît et le crédit s'augmente. »

Il est donc utile, pour le cultivateur, de pouvoir ajouter à sa valeur personnelle celle des biens qu'il possède. Or, comme le plus souvent il ne possède que des biens meubles, il importe qu'il puisse, suivant ses besoins, les donner en gage pour garantir les emprunts auxquels il est dans la nécessité d'avoir recours. Malheureusement, sous l'empire de la législation actuelle, cela lui est à peu près impossible. En effet, aux termes de l'article 2076 du Code civil, le privilège sur le gage n'existe qu'autant que ce gage a été mis ou est resté entre les mains du créancier ou d'un tiers convenu entre les parties. Cette condition ne permet pas à l'agriculteur, soit qu'il cultive son propre fonds, soit qu'il cultive le fonds d'autrui, d'emprunter en donnant pour gage ses ustensiles aratoires, ses bestiaux et ses récoltes engrangées. Nous l'avons déjà dit, il ne peut pas plus s'en dessaisir que le créancier ne peut les emmagasiner.

Nous le répétons donc, il y a là, en vertu de la loi, une impossibilité matérielle qui stérilise, au point de vue du crédit, entre les mains des cultivateurs, des valeurs que, pour toute la France, l'on n'évalue pas à moins de 12 milliards. Si l'on y ajoute cette quantité considérable d'objets mobiliers par leur nature que le propriétaire, en les attachant à son fonds à perpétuelle demeure, a rendus immeubles par destination, toutes les récoltes, toutes les coupes de bois aménagées qui vont, dans un temps prochain, être mobilisées par le fait de la cueille et de l'abatage, on est frappé de l'énorme quantité de richesses dont on ne peut se servir aujourd'hui pour obtenir un prêt agricole.

Voilà donc une partie importante, et très digne d'intérêt, de la population, qui possède en biens meubles plusieurs milliards, qui a besoin de crédit pour accroître ses moyens de production, et par conséquent la prospérité du pays, et qui, en vertu d'un article de loi, ne peut retirer aucun crédit de la fortune mobilière qu'elle possède !

C'est en considération de cette pénible situation, si préjudiciable à l'intérêt public, que beaucoup de personnes qui réfléchissent sur ces questions croient nécessaire de modifier la législation actuelle en matière de crédit agricole, et demandent notamment la constitution du gage à domicile.

On a présenté plusieurs objections contre cette réforme, qui aurait pour conséquence la suppression ou la modification de l'article 2076 du Code civil, en vertu duquel le gage doit être déposé entre les mains du créancier ou d'un tiers.

1° — Ce qu'il faut chercher tout d'abord, a-t-on dit, ce n'est pas à organiser le crédit réel, mais à développer le crédit personnel, le meilleur de tous les crédits, celui qui repose sur la valeur morale et intellectuelle des individus.

— Sans doute, le crédit personnel est le premier de tous les crédits lorsqu'il existe ; mais ne fait-il pas défaut à la plupart des cultivateurs, surtout aux petits cultivateurs, et même aux petits propriétaires exploitants qui forment les trois quarts de la classe agricole ? Ne fait-il pas défaut aussi aux cultivateurs qui débutent dans leur carrière ? Quant aux autres, qui sont les moins nombreux, si grande que soit la confiance qu'ils inspirent, n'est-il pas rare que les capitalistes, même les plus bienveillants, consentent à leur prêter, à une échéance un peu éloignée, des sommes importantes ?

Dans le commerce et l'industrie, ce sont, en définitive, les marchandises, l'outillage et l'installation qui sont la garantie réelle du crédit ; dans la propriété immobilière, c'est le sol ou la construction. Mais quand il s'agit des exploitations agricoles, les agriculteurs sont dans l'impossibilité de rien donner en garantie. Bien qu'il se trouve parfois dans les fermes une valeur considérable en bestiaux et en objets mobiliers, ces mêmes objets ne peuvent servir à augmenter en aucune manière le crédit du fermier, ni celui du propriétaire qui cultive lui-même.

Le crédit personnel, nous le répétons, c'est l'idéal, mais on le rencontre rarement, et c'est aux agriculteurs et aux fermiers, à la classe si nombreuse des petits cultivateurs, chez lesquels se rencontre le plus rarement le crédit personnel, que l'on recommande cet idéal! Dans l'impossibilité où les met la loi d'offrir aux capitalistes un crédit réel, ils ne peuvent le plus souvent obtenir aucune sorte de crédit! C'est cette conclusion que repousse la majorité des déposants de votre enquête, et c'est pour organiser le crédit réel, celui qui est le plus facilement praticable, qu'elle demande la modification, en faveur de l'agriculture, des articles 2076 et suivants sur le gage.

2° — Une autre objection a été élevée contre cette modification : le fermier ou l'agriculteur, a-t-on dit, dont les objets mobiliers auront été engagés pour la garantie d'un prêt, ne trouvera plus à emprunter : personne ne voudra lui fournir d'avances ; son crédit sera perdu.

— Cette objection ne nous a pas plus arrêtés que la première.

En effet, qu'un homme soit mis à même d'obtenir un crédit en rapport avec les garanties qu'il peut offrir, avons-nous dit ailleurs, c'est tout ce qu'il est permis de demander à la législation. Au delà de cette limite, il n'a plus droit au crédit ; mais en deçà, il souffre, et si cette souffrance provient de la loi elle-même, la loi est à réformer !

3° — Nous ne nous arrêterons pas davantage à l'objection qui consiste à dire que trop de facilité pour obtenir du crédit entraînerait les agriculteurs à la ruine. Nous y avons déjà répondu en examinant la première question. A ce compte, il faudrait rayer de nos Codes le régime hypothécaire. De ce que quelques propriétaires se sont ruinés en offrant leurs biens en hypothèque, a-t-on jamais songé à nier l'utilité de l'hypothèque ? Il est à présumer que quelques agriculteurs ne sauront pas faire un usage modéré de la faculté que l'on demande pour eux ; mais l'imprévoyance d'un petit nombre ne doit pas prévaloir contre l'intérêt de tous, et il ne faut pas qu'une réforme dont l'utilité générale est reconnue soit retardée parce que quelques personnes seront portées à en abuser. Nous croyons que la généralité des cultivateurs qui auront recours à l'emprunt sur gage mobilier ne le feront pas pour étendre leur patrimoine, mais pour augmenter leurs moyens d'action. Ce sera, le plus souvent, pour accroître son capital d'exploitation, pour se procurer des machines plus perfectionnées, ou une race de bétail supérieure et plus productive, que l'agriculteur recherchera un emprunt. Or, remarquons-le bien, tout l'avenir de l'agriculture est là.

Que l'on ne croie pas qu'en payant un intérêt de 5 pour 100, par exemple, il se grèvera d'une charge excédant son revenu agricole. Si l'emprunt est employé avec intelligence, il donnera des produits supérieurs à la charge. Il ne faut pas oublier, d'ailleurs, que si la terre ne donne que 3 pour 100, par exemple, au propriétaire qui l'afferme, le capital d'exploitation peut produire, entre des mains expérimentées, 8 et 10 pour 100. Dans un pareil cas, le crédit que pourrait obtenir le fermier en engageant une faible partie de son avoir mobilier serait profitable, non seulement à lui, mais aussi au propriétaire.

4° — Enfin, on oppose à l'introduction du gage sans tradition une considération qui ne laisse pas que de produire impression sur certains esprits.

— Cette innovation, dit-on, est absolument contraire aux principes de notre Code civil, qui ne considère le contrat de nantissement comme parfait que par la mise en possession du créancier.

— Cette raison aurait, à nos yeux, quelque fondement si l'innovation demandée devait être étendue, comme le propose la commission sénatoriale, à tous les gages mobiliers. Mais si l'on n'admet cette mesure exceptionnelle qu'en faveur du cultivateur, en raison de l'intérêt considérable qu'il y a à relever l'agriculture nationale de l'état d'abaissement où elle est tombée depuis quelques années, et afin d'attirer vers elle les capitaux, l'objection perd singulièrement de sa force.

Lorsque, en 1866, la Commission agricole, nommée à cette époque, proposa d'introduire, dans ce cas seulement, le gage sans tradition, elle n'a pas cru devoir se départir du respect profond qui l'animait pour l'œuvre admirable de nos Codes. Mais elle a cédé, en proposant cette exception aux principes de notre législation, à la puissance d'un grand intérêt public. Nous sommes convaincus qu'il ne faut toucher au Code civil qu'avec une extrême prudence. Cependant, lorsqu'il est démontré qu'une de ses dispositions ne concorde plus avec les nécessités de l'époque, avec les besoins actuels de la société, ou d'une partie importante de la société, n'est-il pas juste de la modifier?

Est-il besoin de rappeler encore les cas où l'on a été obligé de faire fléchir le principe de la loi devant certains intérêts? Une loi du 11 juillet 1851 a organisé le gage à domicile dans nos colonies. En France, la législation offre des cas analogues; tels sont ceux : 1° du débiteur saisi qui peut être constitué gardien des objets formant le gage du poursuivant; 2° du vendeur d'effets mobiliers non payés, lorsqu'ils sont en la possession de l'acheteur; 3° du gage commercial, qui, en vertu de la loi du 23 mai 1863, peut être constitué sans tradition, par la simple remise du connaissement. C'est une exception de ce genre qui est demandée, depuis de longues années, en faveur des propriétaires ruraux et des fermiers, dont l'ensemble des intérêts constitue la partie la plus importante de la fortune du pays.

Telles sont les considérations qui ont déterminé l'adhésion de la majorité de ceux qui ont déposé dans l'Enquête à une dérogation aux articles 2076 et suivants du Code civil.

Quel sera le résultat de cette réforme, si elle est opérée ?

Suivant les contrées, il sera fait plus ou moins usage de la faculté accordée par la loi nouvelle. Mais ce qui est certain, c'est que, quelle que soit la valeur personnelle de l'emprunteur, celle de ses biens meubles sera prise en considération par les capitalistes et sera un utile auxiliaire du crédit personnel, soit pour obtenir de l'argent, soit pour en obtenir davantage ou à des conditions plus modérées. Sans vouloir exagérer son efficacité, on peut affirmer que la réforme proposée aura, en outre, l'avantage de permettre à l'agriculteur, soit, en s'adressant à des banques, d'obtenir d'elles de meilleures conditions, soit de trouver un capitaliste qui lui prêtera directement, sans être séparé de lui par des intermédiaires dont la rémunération vient toujours élever le taux du prêt. Aussi y a-t-il lieu d'espérer que la facilité offerte par le législateur recevra une application plus fréquente que ne le pensent ses adversaires, et que l'exploitant pourra souvent se procurer dans son voisinage, auprès de personnes qui le connaissent, de l'argent ou du crédit à meilleur marché.

Mais le principe du gage sans déplacement une fois admis, il importe d'en organiser l'application.

Plusieurs questions s'imposaient ici à notre examen :

1° Sur quels objets ce gage pourra-t-il être établi ?

2° Quelle sera la sanction de la fidélité du débiteur à la garde duquel les objets seront confiés ?

3° Quelle sera la forme du contrat ?

4° A quelles conditions donnera-t-il naissance à un privilège vis-à-vis des tiers ?

5° Quels seront le rang et l'étendue de ce privilège ?

I. — La première question est résolue par l'article 1er du projet du Gouvernement.

D'après ses dispositions, le gage peut porter sur une récolte encore pendante, sur des produits récoltés, sur des coupes ordinaires, sur des bois taillis ou des futaies régulièrement aménagées dans l'année qui précède celle de l'abatage, sur des ustensiles agricoles ou des animaux, mais seulement lorsque ces ustensiles ou animaux ont été attachés au fonds rural par un fermier, colon ou métayer.

Votre Commission n'a aucune objection à élever contre cette énumération.

Mais elle repousse énergiquement l'extension que la commission sénatoriale veut faire du gage sans tradition à tous les mobiliers quels qu'ils soient, et pour des prêts n'ayant aucun caractère agricole. Cette extension n'a jamais été demandée ni par l'industrie ni par le commerce, encore moins par les particuliers sans profession ; elle jetterait, sans utilité, la perturbation dans les principes de la législation civile, et elle paraît avoir excité dans le Sénat une répulsion qui ne manquerait pas d'exercer une influence fâcheuse, si elle était reproduite, sur le sort d'un projet depuis si longtemps attendu par l'industrie agricole.

II. — Mais, si le gage est ainsi laissé en la possession du débiteur, quelle garantie aura le créancier de sa bonne conservation ?

Les articles 18 du projet du Gouvernement et 14 du projet de la commission sénatoriale placent cette conservation sous la sanction de l'article 408 du Code pénal. Tout emprunteur qui aura, au préjudice du créancier gagiste, frauduleusement engagé, déplacé, détourné ou dissipé, en tout ou en partie, les objets engagés, sera passible des peines portées audit article. Il en sera de même de celui qui aura présenté, comme lui appartenant et comme libres, des objets dont il n'avait pas le droit de disposer.

Il demeure entendu, toutefois, que la constitution du gage à domicile ne devrait pas être, pour le cultivateur, une cause de gêne dans son exploitation. Ainsi, il pourra se servir des ustensiles et animaux, et prendre sur ses produits ce qui sera nécessaire à leur nourriture; il devra même pouvoir les vendre, ainsi que ses récoltes, suivant ses besoins et conformément à l'usage, sans que le créancier ait un droit de suite contre les acheteurs. Il sera seulement tenu d'en mettre le prix à la disposition de son créancier ou de les remplacer par des objets d'égale valeur qui seront de plein droit soumis à la convention.

III. — La forme du contrat de gage sans déplacement est réglée par les articles 2 du projet de Gouvernement et 4 du projet de la commission sénatoriale. Mais ici nous constatons une différence : tandis que le projet du Gouvernement permet de constituer le gage par une *déclaration verbale faite par les parties devant le juge de paix du canton où réside l'emprunteur*, le projet sénatorial exige qu'il soit constaté *par écrit*, soit par acte public, soit par acte sous seing privé et enregistré.

Votre Commission a donné la préférence à ce dernier mode de constitution du gage. L'écrit, comme la date certaine, lui ont paru nécessaires, alors surtout que la constitution du gage ne se manifeste pas par un fait extérieur, tel que la tradition. Il ne faut pas oublier d'ailleurs que ce contrat va donner naissance à un privilège, et que dès lors il importe aux tiers d'en bien connaître l'origine, les conditions et l'étendue. Cette exigence aura, il est vrai, l'inconvénient d'occasionner quelques frais au débiteur; il est facile de l'atténuer, en diminuant, dans une forte proportion, les droits d'enregistrement perçus en vertu des lois en vigueur.

IV. — Mais la nécessité d'un écrit enregistré sera-t-elle la seule condition prescrite pour pouvoir opposer aux tiers le privilège résultant du gage sans déplacement? Ne devra-t-on pas y joindre la *publicité*, qui seule peut donner la plus complète certitude de n'être pas primé par un créancier gagiste antérieur?

Ici se produit une nouvelle divergence entre le projet du Gouvernement et celui de la commission sénatoriale. Le premier (art. 5) exige la transcription du contrat sur un registre spécial, par le conservateur des hypothèques de l'arrondissement dans lequel est situé l'immeuble auquel se rattachent les objets donnés en gage.

Le second (art. 2) dispose que, suivant la convention, le nantissement sans déplacement peut être constitué avec ou sans transcription; en d'autres termes, il déclare la transcription purement facultative. Il est bien entendu que le contrat a des effets différents, suivant qu'il a été ou non rendu public. Le créancier qui n'aura pas fait transcrire, encourra les risques auxquels pourra l'exposer la confiance qu'il a mise dans la bonne foi de son débiteur.

Votre Commission, Messieurs, accorde la préférence à la publicité obligatoire. A ses yeux, cette mesure est utile, à plusieurs points de vue. Elle empêchera les fraudes, et la sécurité qu'y trouvera le capitaliste sera favorable au crédit de l'agriculteur.

Mais il ne faut pas se dissimuler que la transcription intégrale de l'acte, au chef-lieu d'arrondissement, aurait le double inconvénient d'augmenter les frais, et d'occasionner aux parties un déplacement souvent onéreux.

Il lui a paru d'abord qu'on pourrait diminuer ces frais, en substituant à la transcription une simple *inscription* qui, au lieu de contenir la copie textuelle de l'acte, se bornerait à des énonciations essentielles, telles que les noms des parties, le montant de la créance, la date et les conditions du prêt, etc., le tout dans le genre des inscriptions hypothécaires, dont les énonciations succinctes, mais substantielles, sont prescrites par la loi à peine de nullité.

D'autre part, votre Commission estime que, pour éviter de trop grands déplacements, il serait désirable que l'administration organisât ce service dans les bureaux des receveurs de l'enregistrement. De cette façon, il n'y aurait qu'un seul déplacement pour l'enregistrement du contrat et pour l'inscription du privilège.

Nous connaissons les objections qui ont été faites contre cette proposition, qui remonte à 1866, par le Ministère des finances. Elles sont tirées des difficultés qu'offre, dit-on, l'organisation de ce service et de l'inaptitude présumée des receveurs.

Mais nous ne pouvons pas croire que les difficultés dont on argue soient insurmontables, ni que les receveurs manquent réellement de la capacité voulue pour faire quelque chose de si simple que l'inscription, sur un registre spécial, des bordereaux qui leur seront présentés. La Belgique et l'Italie ne se sont pas arrêtées à ces prétendues impossibilités. Votre Commission pense que, dans l'intérêt des petits prêts, qu'il est surtout important de favoriser, il serait utile d'introduire ces modifications aux projets actuellement soumis au Parlement.

V. — Enfin, le privilège du gage sans tradition étant créé, il était nécessaire d'en déterminer le rang.

Les deux projets, celui du Gouvernement et celui soumis au Sénat, sont d'accord pour reconnaître que ce privilège doit venir après celui du bailleur (Art. 13 du projet du Gouv. ; art. 24 du projet sénatorial).

Votre Commission a adopté pleinement cet avis.

A ses yeux, le propriétaire est le premier banquier de son fermier; il lui vient en aide par les délais qu'il lui accorde, le plus souvent, sans exiger d'intérêt pour le retard. Ce qui fait sa confiance, c'est son privilège ; si l'on y porte atteinte, non seulement il sera plus rigoureux, en exigeant ses paiements aux échéances, mais aussi en stipulant dans le bail des clauses de garantie qui nuiront au crédit du cultivateur.

Aussi serait-ce une modification nécessaire à faire au projet, que celle qui exigerait qu'en cas de constitution d'un gage à domicile, le propriétaire fût avisé de la nouvelle situation que son locataire s'est faite par l'affectation de ses objets mobiliers à la garantie d'un emprunt. La connaissance d'un fait de cette nature, qu'il ignorerait souvent si on ne l'en informait pas personnellement, est essentielle pour le propriétaire, puisqu'elle doit lui servir de règle pour la concession ou le refus des délais qui peuvent lui être demandés par son fermier. Il est facile de comprendre, en effet, qu'il en accordera de plus ou moins longs, suivant que son privilège sera ou non limité dans sa durée.

Mais c'est une toute autre question que celle de savoir s'il est nécessaire de lui conserver ce privilège *pour tous les fermages à venir qui doivent échoir pendant la durée du bail.*

C'est ce que nous examinerons sous la sixième des questions soumises aux membres et correspondants de la Société.

QUATRIÈME QUESTION.

Convient-il d'appliquer, pour la réalisation du gage donné par un agriculteur, en cas de non paiement à l'échéance, les formalités, plus expéditives et plus économiques, qui sont prescrites par la législation commerciale ?

Le projet de loi soumis au Sénat dispose qu'à défaut

de paiement à l'échéance, le créancier peut, huit jours après une signification faite au débiteur, procéder à la vente publique des objets qui lui ont été donnés en gage sans déplacement, dans les formes prescrites par les articles 617 et suivants du Code de procédure civile.

Cette disposition est prise dans la loi du 21 mai 1863 (art. 93 nouveau du Code de commerce), relative au gage commercial.

Elle se justifie par cette considération que la facilité, l'économie, la promptitude dans la réalisation du gage sont des avantages très recherchés par le capitaliste. Assurément, l'une des causes pour lesquelles le gage, en matière civile, est un contrat peu en usage, c'est la nécessité pour le créancier non payé d'entreprendre de longues procédures et d'obtenir un jugement, même un arrêt, avant de pouvoir vendre aux enchères l'objet donné en garantie et de se faire payer sur le prix. Pour attirer les capitaux vers les placements agricoles, il fallait simplifier ces formalités. Ainsi l'avait pensé la Commission de 1866, ainsi le pense aujourd'hui la Commission que vous avez nommée pour examiner le projet mis en discussion.

Toutefois, ce projet diffère de la proposition de 1866 en deux points :

1° Il n'autorise pas le créancier à s'adresser au juge de paix pour obtenir une ordonnance contenant l'indication du jour et du lieu de la vente.

C'est donc au tribunal qu'il faudra s'adresser : ce qui sera moins commode et plus coûteux.

2° Par contre, il autorise la vente *huit* jours, au lieu de quinze jours, après sommation restée infructueuse. Ce délai de huit jours, pris dans la loi de 1863 concernant le gage commercial, nous a paru trop court. Le cultivateur n'a pas chaque jour, comme le commerçant, un marché ouvert pour vendre les produits de sa culture. Il lui faut attendre le plus souvent le jour du marché périodique. Une rapidité trop grande dans l'exécution peut avoir pour lui, dans certains cas, de graves inconvénients. Éviter au créancier les lenteurs et les frais d'une poursuite judiciaire en première instance et peut-être en appel, c'est déjà un avantage très appréciable. Un délai réduit à trente jours pour procéder à la vente des instruments de culture et des récoltes n'a rien d'exagéré; il peut être suffisant, mais il est nécessaire, eu égard à la nature de l'industrie agricole, et, en tout cas, il ne saurait être considéré comme une entrave à son crédit.

Nous terminerons, sur ce point, en constatant que la majorité des déposants à l'Enquête (33 voix contre 11) est favorable à l'adoption, pour la réalisation du gage, des formalités prescrites par la législation commerciale. Les régions du Nord surtout sont favorables à la mesure. Mais parmi les membres de la majorité, il en est quelques-uns qui n'adhèrent qu'en demandant certains adoucissements, parce qu'ils trouvent notamment que le délai de huit jours est trop restreint. Enfin, 58 correspondants s'abstiennent, ne se reconnaissant pas sans doute une compétence suffisante pour apprécier la mesure proposée.

La lecture de l'Enquête et des divergences qu'elle révèle n'a pas modifié les convictions de la Commission à cet égard.

CINQUIÈME QUESTION.

Convient-il d'assimiler l'agriculteur au commerçant, au point de vue de la juridiction, soit lorsque la cause de l'engagement est agricole, soit lorsque ledit engagement, quelle qu'en soit la cause, est pris sous la forme d'un billet à ordre?

Cette question fait allusion à une divergence qui

existe entre le projet du Gouvernement et celui de la commission sénatoriale. Le premier (art. 19) attache la juridiction commerciale aux engagements pris par les agriculteurs, sous la forme de billets ou même de chèques, lorsqu'ils ont pour cause une opération agricole ; le second (art. 26) déclare que la signature d'un billet à ordre, même par un non commerçant, même pour affaires non commerciales, est un acte de commerce et rend le signataire justiciable des tribunaux de commerce, sans toutefois qu'un agriculteur non commerçant puisse, pour ce fait, devenir commerçant et être mis en faillite.

Nous devons constater que la disposition du projet est approuvée par un nombre restreint de déposants (28 contre 17 qui la repoussent), que 6 proposent une juridiction spéciale, et qu'il y a eu 51 abstentions. C'est dans le Nord surtout que la mesure proposée a été favorablement accueillie. Dans d'autres pays, un certain nombre d'amis de l'agriculture verraient avec inquiétude les cultivateurs traduits devant des tribunaux dont le personnel est élu par des commerçants et dont les attributions concernent exclusivement les affaires commerciales. Les agriculteurs ne seraient donc pas, dit-on, justiciables de leurs pairs, à moins que l'on ne les y introduise, et comme juges et comme électeurs ; mais alors, ne seraient-ils pas menacés d'être soumis à la patente ? Cette perspective effraye un certain nombre de nos correspondants.

Nonobstant ces divergences, votre Commission a adopté sans hésiter le principe de la proposition. En effet, pour donner du crédit à l'agriculture, il ne suffit pas d'améliorer le gage qu'elle peut offrir, il importe de simplifier et d'abréger les formalités des poursuites dirigées contre les débiteurs. Veut-on que le crédit agricole parvienne au niveau du crédit commercial ? Il faut placer, autant que possible, l'agriculteur dans la même situation que le commerçant : celui-ci sait que, s'il ne paie pas à l'échéance, il sera poursuivi, condamné et saisi à bref délai. Soumettez l'agriculteur à la même loi, soumettez-le à la procédure rapide des tribunaux de commerce, il deviendra plus exact à remplir ses engagements ; par suite, il inspirera plus de confiance au capitaliste et obtiendra plus facilement du crédit. C'est ce qu'avait pensé la Commission de 1866, et, dès cette époqne, disait-elle dans son rapport, tous les financiers, tous les hommes compétents en matière de crédit auprès desquels cette Commission s'était renseignée, étaient d'accord pour reconnaître que l'un des moyens les plus efficaces d'agir sur les habitudes des cultivateurs et d'assurer au capitaliste l'exactitude des remboursements, c'était de rendre les dettes pour cause agricole passibles de la juridiction commerciale.

Mais entre le système du Gouvernement et celui de la commission sénatoriale, quel choix doit-on faire ?

Votre Commission n'a point hésité à accorder la préférence à ce dernier. Le système du Gouvernement, en effet, a l'inconvénient de permettre de soulever la question de compétence, pour savoir si l'engagement a pour cause une opération agricole. Attacher au contraire, de plein droit, la juridiction commerciale à la *forme* du billet à ordre, c'est supprimer tout procès préjudiciel, et c'est, sans nuire à la liberté du cultivateur, qui peut toujours choisir une autre forme d'engagement, l'amener devant une juridiction qui n'est même pas le privilège exclusif du commerçant, puisque, d'après la législation actuelle, tout particulier qui appose sa signature ou son endos sur un billet à ordre signé ou endossé par des commerçants, devient lui-même justiciable des tribunaux de commerce.

C'est par ces motifs que votre Commission a donné son adhésion à un système qui lui paraît conforme aux intérêts et favorable au crédit des cultivateurs.

Elle tient toutefois à déclarer que, dans sa pensée, l'agriculteur ne saurait jamais, à raison de ses engagements, être soumis aux dispositions du titre III du Code de commerce, relatif à la faillite.

SIXIÈME QUESTION.

Est-il dans l'intérêt du crédit des fermiers que le privilège établi par l'article 2102 du Code civil en faveur du propriétaire, sur les valeurs mobilières garnissant la ferme, soit limité, comme le propose le projet de la commission sénatoriale, aux fermages des deux dernières années, de l'année courante et d'une année à partir de l'expiration de l'année courante ?

La restriction du privilège du propriétaire par les articles 13 du projet du Gouvernement et 24 du projet sénatorial, dans les limites ci-dessus indiquées, a soulevé dans l'Enquête de nombreuses protestations de la part de nos correspondants. Tandis que, dans l'Est, ils sont presque unanimes à demander la limitation du privilège du propriétaire, dans d'autres pays ils s'y opposent avec fermeté. Le nombre des déposants favorables ne s'élève pas à plus de 31, dont 1 avec une restriction, les réponses opposées s'élèvent à 29 et les abstentions à 42. En ne tenant pas compte des abstentions, qui peuvent être motivées par une grande incertitude dans l'esprit d'un bon nombre des déposants, il nous reste, on le voit, une faible majorité en faveur de la mesure proposée.

Quoi qu'il en soit, Messieurs, votre Commission a été d'avis de l'adopter.

Sans doute, le privilège du propriétaire doit être respecté ; nous en avons dit plus haut les raisons ; mais son application à tous les loyers *non échus* n'est-elle pas excessive ? Lorsque l'on est en présence de la déconfiture d'un fermier ayant un long bail, n'est-ce pas aller trop loin que de frapper d'interdit toute sa fortune au profit exclusif de son propriétaire, non seulement pour la garantie des fermages échus, mais aussi pour dix, quinze années et plus de loyers à *échoir ?* N'est-ce pas lui supprimer à l'avance tout crédit en dehors de son propriétaire ? Qui consentira à lui prêter, en présence d'une telle perspective de main mise par le bailleur sur son mobilier ? Tout en admettant que le bailleur est souvent le meilleur banquier de son fermier, est-il juste de mettre celui-ci dans l'absolue nécessité de n'en avoir jamais d'autre ? L'intérêt du bailleur lui-même exige-t-il un pareil sacrifice de la part de son locataire ? Nous ne le croyons pas, et nous pensons, au contraire, qu'il n'est pas plus de son intérêt que de celui de son fermier de laisser celui-ci s'arriérer à tel point qu'il marche à une déconfiture inévitable. Il est plus sage de ne conserver au propriétaire son privilège que pour une durée qui lui permette d'user envers son fermier d'une assez large tolérance sans exposer celui-ci, par une inaction prolongée, à s'endormir sur ses engagements et à se mettre dans le cas de laisser sa dette s'accumuler sans pouvoir l'acquitter.

Or, en maintenant le privilège du propriétaire pour tous les fermages échus, pour l'année courante et pour une année à partir de l'expiration de l'année courante, votre Commission estime que l'on concilie, dans une mesure équitable, les intérêts du propriétaire et ceux du cultivateur.

Il est bien entendu que, dans notre pensée, le projet de loi doit conserver son caractère essentiellement agricole, et que cette restriction du privilège du propriétaire n'aurait lieu que lorsqu'il se trouverait en présence d'un créancier nanti d'un gage sans tradition, ainsi que le voulaient la Commission de 1866 et le projet présenté en 1882 par le Gouvernement. Nous ne croyons pas, en effet, opportun de nous associer à l'extension donnée à cette mesure par la commission sénatoriale, qui, par l'article 24 de son projet, en fait l'objet d'une mesure générale, applicable à tous les baux de maisons aussi bien qu'à ceux concernant les exploitations rurales. Nous craindrions qu'une telle extension, par les objections qu'elle soulèverait, ne compromît le succès du projet de loi, qui doit, d'ailleurs, conserver son caractère de projet sur le crédit agricole.

Mais, dans les limites que nous lui assignons, l'acceptation de la mesure proposée nous paraît désirable et favorable au crédit que nous voulons développer. Elle ne saurait d'ailleurs pas nuire au propriétaire, si, comme nous le proposons plus haut, l'on exige que le créancier gagiste le prévienne de la constitution du nantissement.

Au surplus, il est bon de placer une dernière remarque : c'est que la restriction de privilège du propriétaire n'est pas nouvelle. Elle existe dans notre législation, et le commerce en a obtenu l'application à son profit en matière de faillite.

Voici, en effet, ce qu'on lit dans l'article 550 du Code de commerce, tel qu'il a été modifié par la loi du 12 février 1872 :

« L'article 2102 du Code civil est ainsi modifié à l'égard « de la faillite : si le bail est résilié, le propriétaire d'im« meubles affectés à l'industrie ou au commerce du failli « aura privilège pour les deux dernières années de loca« tion échues avant le jugement déclaratif de faillite, « pour l'année courante, pour tout ce qui concerne « l'exécution du bail et pour les dommages-intérêts qui « pourront lui être alloués par les tribunaux. »

Ce que nous demandons, avec le Gouvernement, c'est que l'on étende à l'agriculture une disposition qui a été accordée au commerce dans l'intérêt de son crédit.

SEPTIÈME QUESTION.

Les membres et correspondants étrangers sont priés de faire savoir si, dans leur contrée, l'agriculture jouit de tout le crédit dont elle peut avoir besoin. Trouve-t-elle à emprunter facilement et à de bonnes conditions ? Quelle est la législation qui régit cette matière ? Est-ce celle du droit commun, ou bien existe-t-il une législation spéciale pour favoriser le crédit agricole mobilier ? Existe-t-il des banques locales suffisantes pour donner satisfaction aux besoins de l'agriculture ? A quel taux prêtent ces banques? Se bornent-elles à faire des prêts à l'agriculture, ou prêtent-elles également au commerce et à l'industrie ?

L'enquête que nous avons faite à l'étranger n'est pas la première qui ait eu lieu pour éclairer la question du crédit agricole.

Lorsqu'avant 1852, il s'est agi de l'introduction en France des institutions de prêts hypothécaires à long terme, il a été recueilli des renseignements sur les établissements de crédit agricole dans les divers États européens. Ces renseignements, résumés dans le rapport de la Commission de 1866, sont relatifs aux banques agricoles qui existaient, dès cette époque, en Russie, en Prusse, en Bavière, dans le Wurtemberg, dans le duché de Bade, dans la Hesse-Darmstadt, en Danemark, en Irlande, en Angleterre et en Écosse.

La Commission instituée en 1879 fit également procéder à une enquête, par l'intermédiaire des consulats, dans les mêmes pays et dans d'autres encore, tels que Francfort, les grands-duchés de Hesse et de Hesse-Cassel, dans la régence de Wiesbaden, dans le Wurtemberg, en Silésie, en Hongrie, à Trieste, en Suède, en Norwège, en Pologne, etc.

L'enquête que vous avez provoquée en 1884, auprès des correspondants de notre Compagnie, s'est étendue aux États suivants : Autriche-Hongrie, Allemagne, Alsace-Lorraine, Belgique, Grande-Bretagne, Portugal, Espagne, Suisse, Italie, Roumanie, Serbie.

Nous sortirions du cadre qui nous est tracé, si nous voulions analyser ces trois enquêtes dont le texte est sous vos yeux ; il serait même assez difficile, au milieu des appréciations contradictoires qu'elles renferment, d'en faire ressortir des conclusions nettes et précises. Ici, on nous dit que, malgré l'insuffisance de l'argent, l'on ne doit pas désirer l'extension du crédit agricole, parce que l'emprunt est fatal à l'agriculteur. Là, au contraire, l'on nous montre cette insuffisance comme un malheur, et l'on aspire à obtenir une loi qui contienne les réformes que nous sollicitons pour la France, telles que le gage à domicile, la restriction du privilège du bailleur, la réalisation rapide du gage et la juridiction commerciale. Dans telle contrée d'Allemagne, on voit des banques locales qui végètent ou prêtent à un taux d'intérêt élevé ; dans telles autres, on en voit qui prospèrent et rendent, par l'importance de leurs affaires et la modération de leurs conditions, de réels services à l'agriculture.

Mais une remarque qui s'applique à toutes ces banques, c'est que partout elles prêtent aussi bien au commerce et à l'industrie qu'à l'agriculture.

Il convient d'ajouter qu'elles ne sont pas partout privilégiées par une législation spéciale ; elles sont presque toutes demeurées, jusqu'à ces dernières années du moins, régies par le droit commun. Seulement, dans certains pays, le droit commun offre toutes les facilités nécessaires au développement du crédit, et partout où la législation générale contient, comme la nôtre, des entraves au fonctionnement de la banque et à l'exécution des engagements pris envers elle, des réclamations se sont élevées pour en demander la suppression.

Indépendamment de quelques États allemands où il existe des établissements de crédit agricole qui répondent aux besoins de la culture, nous croyons devoir appeler votre attention sur quatre pays où le crédit agricole est organisé et fonctionne d'une manière utile et satisfaisante pour l'agriculteur. Ce sont : l'Angleterre et l'Écosse, la Roumanie, la Belgique et certaines parties de l'Italie.

Un simple coup d'œil jeté sur ces nations au point de vue du crédit agricole est de nature, nous le croyons, à vous éclairer sur l'avis qui est demandé à notre Compagnie.

I.

Angleterre et Écosse.

C'est en Écosse et en Angleterre que les agriculteurs trouvent le plus facilement du crédit.

L'organisation de la banque nationale provinciale d'Angleterre, avec ses nombreuses succursales établies dans des districts essentiellement agricoles, met à la portée de tous les cultivateurs solvables l'argent dont ils ont besoin. Les banques écossaises, plus profondément enracinées dans les habitudes nationales, fonctionnant avec 844 succursales, rendent encore plus de services dans un pays où le fermier est moins riche qu'en Angleterre. Elles se mettent tellement à la portée des agriculteurs qu'on voit les agents de ces banques transporter leurs bureaux, les jours de foires et marchés, sur la place publique, et recevoir les déclarations de leurs clients, dont les ventes et les achats se soldent à l'instant par de simples virements de comptes.

Mais il est essentiel de remarquer que si les cultivateurs sont admis, avec la même facilité que les commerçants et les industriels, à l'escompte de leurs effets, c'est qu'en Écosse, comme en Angleterre, les fermiers sont régis par les mêmes lois que les commerçants; ils relèvent des mêmes tribunaux, sont soumis aux mêmes lois d'exécution, et peuvent être mis en faillite! Ce n'est pas tout : dans ce dernier cas, le privilège du propriétaire est limité à une seule année de fermage.

N'est-ce pas là un fait qui, à lui seul, suffirait pour démontrer l'utilité, sinon d'assimiler complètement le cultivateur au commerçant, du moins d'introduire dans ce sens chez nous les réformes nécessaires pour améliorer, en offrant de sérieuses garanties aux capitalistes, le crédit des agriculteurs ?

Les banques d'Angleterre et d'Écosse ont été si complètement exposées dans divers rapports que nous ne croyons pas nécessaire de décrire ici d'une façon plus détaillée leur organisation et leurs excellents effets.

II.

Roumanie.

Pendant les études auxquelles on s'est livré, en France, pour formuler un projet de loi sur le crédit agricole, la Roumanie, devançant notre pays, s'est donnée, il y a cinq ans, une loi sur cet important sujet.

Cette loi a pour objet de favoriser l'*institution des caisses de crédit agricole.*

Elle porte qu'il sera fondé, au chef-lieu de chaque district, une caisse de crédit agricole, ayant pour objet de procurer aux cultivateurs et aux artisans agricoles les sommes nécessaires à l'agriculture et aux industries dérivées (Art. 1 et 3).

Le capital sera de 150,000 à 300,000 francs ; il sera avancé, deux tiers par l'État, un tiers par le district, en attendant qu'il soit souscrit par des actionnaires (Art. 4 et 5).

L'administration est confiée à un administrateur élu par l'assemblée générale et contrôlé par trois commissaires, dont deux sont élus et un est nommé par le Gouvernement.

La caisse fait des escomptes, des prêts sur gage agricole, des avances sur titres, et reçoit des dépôts en compte courant (Art. 21).

Elle ne peut prêter à un taux supérieur à 7 pour 100, ni pour une durée excédant neuf mois (Art. 22).

Les emprunts sont contractés par billets à ordre, garantis solidairement par deux agriculteurs solvables (Art. 25).

Les moyens d'exécution rapide du Code de commerce sont applicables au recouvrement des prêts (Art. 25).

Le gage à domicile est admis pour les récoltes, animaux, instruments, mobilier agricole, et en général, dit l'article 27, pour tous les objets volumineux et difficiles à transporter ou à emmagasiner.

Le privilège attaché au gage, ainsi conventionnellement donné, n'existe qu'à la condition d'être inscrit sur un registre spécial de la commune où se trouve le gage (Art. 28).

Faute de paiement à l'échéance, le gage peut être vendu sans autorisation de justice et conformément à la loi de poursuite pour les revenus de l'État (Art. 29).

Un débiteur qui dilapide le gage, l'aliène, ou le

laisse périr par négligence ou malveillance est passible d'une sanction pénale (Art. 30).

Le privilège de la caisse vient après les dommages-intérêts, les dépenses d'enterrement du débiteur et les dépenses pour la conservation du gage (Art. 31).

Chaque emprunt contracté avec les caisses est considéré comme commercial par sa nature. Tous ceux qui y auront participé sont justiciables des tribunaux de commerce; mais ils ne peuvent pas être mis en faillite (Art. 32).

Cette loi a reçu son exécution. Depuis quatre ans, l'institution fonctionne, et voici, sur les résultats obtenus, l'appréciation donnée par notre correspondant, M. Auréliano, en 1884 :

« Ayant été chargé, dit-il dans sa déposition, de pré-« parer le projet de loi ainsi que le règlement qui y « fait suite, je puis certifier qu'en Roumanie on n'a « qu'à se féliciter des résultats obtenus. Quoique l'ins-« titution ne date que de quatre ans, elle rend déjà de « grands services à l'agriculture. Non seulement les « fermiers, mais même les petits propriétaires, les « paysans, profitent des facilités de cette institution. « Nous espérons que, dans quelques années, chaque « arrondissement aura sa caisse de crédit agricole. »

Ainsi que vous avez pu le remarquer, les caisses de Roumanie jouissent, en vertu de la loi spéciale édictée pour favoriser leur création, des privilèges que nous sollicitons en France depuis si longtemps. Elles ont à leur disposition le nantissement sans tradition, ainsi que les moyens d'exécution commerciaux et la juridiction consulaire. Cette institution est en activité en Roumanie depuis quatre ans aujourd'hui, à la satisfaction générale, et semble devoir s'étendre dans tout le pays.

En Roumanie donc, la question du crédit agricole paraît résolue, et les bases de la solution, sans parler de l'avance faite, sauf restitution, par l'Etat et les districts, sont précisément les réformes législatives que notre Compagnie a demandées bien avant qu'elles aient été insérées dans le projet de loi.

III.

Belgique.

L'utilité de ces réformes a été également comprise en Belgique ; et tandis qu'après tant d'études faites en France, tant de documents accumulés sur la question depuis plus de trente ans, le Sénat français renvoyait le projet à la Commission, le Parlement belge votait, quelques mois après (15 avril 1884), une loi qui résolvait la question du crédit agricole.

Cette loi indique d'abord la source à laquelle seront puisés les fonds destinés aux prêts agricoles.

L'art. 1er, dans son titre Ier, autorise la Caisse générale d'épargne et de retraite à employer une partie de ses fonds disponibles en prêts à faire aux agriculteurs. *Ces prêts sont garantis par un privilège stipulé dans l'acte et portant sur les objets qui sont affectés au privilège du bailleur* (Art. 4).

Pour conserver ce privilège, le prêteur devra le rendre public par une inscription sur un registre spécial tenu par le receveur de l'enregistrement dans le ressort duquel les bâtiments de la ferme sont situés (Art. 5 et 15).

L'acte de prêt doit, en outre, être transcrit en entier sur le registre à ce destiné (Art. 17).

La cession d'une créance munie de ce privilège doit être inscrite de la même manière, pour produire son effet vis-à-vis des tiers (Art. 18).

Le prêteur est primé par le bailleur, à moins que celui-ci ne lui ait cédé son rang. Il exerce ses droits sur les objets mobiliers réputés immeubles par destination, ainsi que sur les récoltes pendantes par racines et les fruits des arbres non encore recueillis. Il est primé par les créanciers hypothécaires inscrits avant lui. Il prime les créanciers dont l'inscription est postérieure à celle de son privilège.

Le bailleur n'est privilégié que pour *trois* années échues des fermages, pour l'année courante et pour les dommages-intérêts qui lui seraient accordés à raison de l'inexécution des obligations du fermier relatives aux réparations locatives et à la culture (Art. 19).

Pour le recouvrement de ses droits, le prêteur jouit des voies d'exécution établies pour l'exercice des droits du bailleur (Art. 14).

Enfin, de notables diminutions sur les droits d'enregistrement sont accordées aux actes de prêts passés dans les conditions de cette loi.

Telle est, dans son ensemble, la nouvelle loi belge. L'expérience nous apprendra si elle répond à toutes les réclamations qui ont été exprimées, dans ces derniers temps, par la propriété agricole.

Mais ce qu'elle constate une fois de plus, c'est qu'en Belgique, comme chez d'autres nations étrangères, les pouvoirs publics n'hésitent pas à essayer les réformes pour lesquelles nous rencontrons chez nous tant d'hésitation dans le Parlement ; c'est que, partout ailleurs qu'en France, on est convaincu qu'elles sont nécessaires pour améliorer le crédit agricole, qu'elles peuvent être efficaces, et qu'en tout cas leur application n'offre pas ces dangers d'abus, même de ruine, que certaines personnes redoutent dans notre pays.

C'est ainsi que nous voyons, dans la loi belge, la restriction du privilège du bailleur et les moyens rapides d'exécution qui appartiennent au propriétaire.

Nous y voyons aussi le privilège créé par la Belgique sur les objets garnissant la ferme. Sans doute ce privilège n'est pas identiquement ce que nous appelons le gage à domicile, et il laisse intacts les articles 2076 et suivants de notre Code civil. A ce point de vue, il a l'avantage d'échapper à certaines objections; mais au fond, c'est la même chose : *c'est le même privilège portant sur les mêmes objets, qui, dans un cas, est attaché à la convention autorisée de gage sans tradition, et qui, dans l'autre, est créé directement par la loi elle-même, sans qu'il soit besoin de dresser un acte de nantissement.*

Quant à la sanction pénale attachée au détournement des objets affectés à l'exercice du privilège, soit qu'il résulte du nantissement sans tradition, soit qu'il résulte de la loi belge, elle doit être évidemment la même ; et si cette loi ne s'en explique pas expressément, c'est sans doute que quelqu'autre disposition de la loi générale a paru suffire. Dans le cas contraire, ce serait une lacune à combler chez nous, lors de la rédaction de la loi à intervenir, si, au lieu du gage à domicile, la création du privilège venait à être adoptée par le Parlement français.

IV.

Italie.

L'Italie, elle aussi, nous a devancés en matière d'institutions de prêts agricoles.

Depuis une vingtaine d'années, dans l'Italie septentrionale, il s'est fondé, sous l'impulsion d'un économiste distingué, M. le député Luzzatti, des banques populaires de crédit mutuel, sur le modèle des banques allemandes *Schulze-Delitsch*, qui rendent de grands services aux petits agriculteurs.

Ces banques sont des Sociétés coopératives par actions, qui reçoivent des dépôts de leurs associés et qui leur consentent des prêts, ou qui escomptent leurs billets. Elles n'ont pas d'autre clientèle que celle de leurs actionnaires, lesquels sont solidaires les uns des autres. Elles escomptent le papier commercial aussi bien que le papier agricole. La loi italienne n'établit pas de différence entre les effets souscrits par des agriculteurs et ceux qui sont souscrits par des négociants ; la cause pour laquelle ils sont créés n'entre aucunement en considération : tous les effets à ordre sont commerciaux. Cette disposition de la loi facilite beaucoup la solution de la question du crédit agricole. Ces institutions ont pris une si grande extension, qu'il s'en trouve dans les plus petites villes, faisant ainsi pénétrer le crédit jusque dans les populations des campagnes.

Les dépôts qu'elles reçoivent rapportent aux déposants un intérêt de 3 à 5 pour 100. Les prêts qu'elles consentent aux agriculteurs sont faits à un taux d'intérêt qui varie, suivant les contrées, de 6 à 7 et 8 pour 100. Les frais de gestion sont presque nuls. Les bénéfices proviennent de l'écart entre le taux d'intérêt payé aux déposants et celui que l'on perçoit des prêts et des escomptes. Les emprunteurs, étant eux-mêmes sociétaires, participent aux bénéfices de la Société.

Il existe des banques de cette nature dans beaucoup de villes du nord de l'Italie : à Milan, à Lodi, à Crémone, à Padoue, à Bologne, etc.

Il n'y a pas, en Lombardie, de centre de production agricole de quelque importance qui ne soit doté d'une de ces banques ou d'une de leurs succursales. Tous les cultivateurs solvables y trouvent les facilités de crédit que les commerçants obtiennent dans les villes. Les pertes sont extrêmement rares ; elles sont nulles, pour ainsi dire, dans la clientèle agricole.

Nous ne pouvons entrer ici dans les intéressants détails que contient la remarquable étude de notre éminent président, M. Léon Say, et qu'il a publiée sous le titre : *Dix Jours dans la Haute-Italie*. Mais ce que nous devons y relever, c'est la réflexion suivante :

« Le crédit agraire n'est possible, dit M. Léon Say, « qu'à la condition que la clientèle ne soit pas entiè« rement agricole et qu'elle comprenne, outre les agri« culteurs, un assez grand nombre de commerçants « et d'industriels. Il faut aux opérations agricoles des « échéances longues, et on ne peut consacrer à des « prêts agricoles ou à des escomptes d'effets renouve« lés par des agriculteurs que la portion des dépôts « qui reste toujours au fond de la caisse d'épargne. « Pour la partie qui pourrait être reprise par les dépo« sants, il faut une contre-valeur en effets de petits « commerçants. »

M. Luzzatti exprime la même pensée dans un mémoire sur la loi du 21 juin 1869, qui, en autorisant la création de Sociétés de crédit agricole, leur interdit toutes autres opérations que les prêts agraires. « C'est « en cela, dit-il, que réside le principal défaut de « cette loi ; car il est nécessaire que les opérations de « commerce soient associées à celles de crédit agri« cole. Le législateur ne s'est pas aperçu que c'est « précisément dans le mélange des opérations di« verses que réside le moyen le plus sûr de faire « vivre les institutions que l'on voulait fonder. »

C'est pour mettre un terme aux restrictions de cette loi de 1869, qui formait un obstacle sérieux à la propagation des institutions de crédit agricole en Italie, qu'un nouveau projet de loi vient d'être élaboré par le Gouvernement. Ce projet a été inscrit, il y a un mois, à l'ordre du jour de la Chambre des députés. Il n'a pas encore été voté.

Il n'est pas spécial aux prêts agricoles. Il concerne aussi les *prêts fonciers*.

Il est divisé en quatre titres :

Le titre Ier traite des prêts à l'agriculture ;

Le titre II, des prêts hypothécaires pour l'amélioration de l'agriculture et la transformation de la culture ;

Le titre III, de l'administration du crédit agricole et des obligations agricoles.

Le titre IV contient les dernières dispositions ou dispositions générales.

En ce qui touche le titre premier, ce que nous y remarquons de saillant, c'est la création d'un *privilège* pareil à celui établi par la Belgique et analogue, par conséquent, au gage à domicile pour garantir les prêts faits aux agriculteurs.

Voici dans quels termes s'expriment à cet égard les deux premiers articles du projet de loi :

ARTICLE PREMIER. — *Comme garantie des prêts consentis aux propriétaires de biens ruraux par les institutions de crédit agricole, un privilège particulier peut être constitué sur les fruits dépendants de la terre et des arbres, quoiqu'ils ne soient pas cueillis ou séparés du sol, sur les fruits recueillis dans le courant de l'année, sur les denrées qui se trouvent dans les maisons et constructions annexées aux biens ruraux, sur les machines et outils d'agriculture, sur les animaux et tout ce qui, à titre d'instrument vivant ou mort, sert à alimenter et à cultiver le fonds même.*

ART. 2. — *Pour que cette garantie soit réelle, il est nécessaire :*

1° *Qu'elle soit inscrite dans un acte ;*

2° *Que ledit acte soit enregistré dans le bureau de la circonscription où est situé le fonds.*

« *Le privilège peut être généralement constitué* « *sur les fruits et sur les instruments vivants ou*

« *morts existant dans le fonds, ou bien encore sur* « *quelques objets particulièrement désignés.* »

Les articles suivants déclarent que ce privilège est primé par celui du propriétaire, à moins que celui-ci n'ait consenti une antériorité.

La perte, l'aliénation sans remplacement, ou la détérioration du gage, c'est-à-dire des objets soumis au privilège, amènent l'exigibilité immédiate de la créance.

Une diminution sur les droits d'enregistrement et de timbre est accordée aux actes de prêts de cette nature.

Les institutions ordinaires de crédit et les Sociétés coopératives, ainsi que les Caisses d'épargne, sont autorisées à faire ces opérations, et celles des Sociétés qui ont un capital de 5 millions ont la faculté d'émettre des obligations agricoles portant intérêt et remboursables par amortissement.

Elles sont placées sous la surveillance du Ministre de l'agriculture, qui exerce son contrôle, soit directement, soit par une commission mixte, composée de fonctionnaires publics, d'un délégué du comice agricole et de deux propriétaires, laquelle commission, nommée annuellement par le Ministre dans chaque chef-lieu de province, doit juger si la demande de prêt a chance de réussir et si, dans l'acte provisoire, les conditions prescrites par la loi sont bien remplies.

Nous ne saurions rien préjuger encore sur les résultats à attendre d'une loi non votée; mais nous constatons ici pour l'Italie, comme nous l'avons fait pour la Roumanie et la Belgique, que le législateur étranger, moins craintif que le nôtre, a profité de nos propres enquêtes pour offrir au Parlement la solution de la question du crédit agricole, *en la cherchant dans les réformes législatives jugées nécessaires pour déter-*

miner les capitaux à se porter plus facilement et à de meilleures conditions vers la première de nos industrie, l'industrie agricole.

CONCLUSIONS.

Il est temps de terminer ce long Rapport et d'en tirer la conclusion, c'est-à-dire la formule de l'avis qui nous est demandé.

La Commission estime :

1° Que, dans la plupart de nos contrées agricoles, le crédit dont jouit l'agriculture est insuffisant pour les besoins de l'exploitation du sol, et que l'intérêt public commande d'urgence au Gouvernement de prendre les mesures nécessaires pour lui donner de l'extension ;

2° Que, pour y parvenir, il est nécessaire d'édicter une loi qui supprime les entraves que l'extension de ce crédit rencontre dans la législation actuelle ;

3° Qu'à cet effet, il est utile de modifier l'article 2076 du Code civil et de permettre au cultivateur de donner en gage, sans cesser d'en conserver la possession, les objets mobiliers affectés par privilège à la garantie des fermages ; que la même faculté de constituer le gage sans tradition doit être accordée au propriétaire qui exploite lui-même son immeuble ;

4° Qu'il n'y a pas lieu d'étendre cette faculté aux cas d'emprunts faits par d'autres que des cultivateurs ou propriétaires exploitants, et sur d'autres effets mobiliers que ceux attachés à une exploitation rurale ;

5° Qu'à défaut de cette faculté de constituer un gage à domicile, il conviendrait tout au moins de créer, comme en Belgique, un privilège sur les mêmes objets mobiliers pour garantir le capitaliste des avances faites à un cultivateur.

6° Que le privilège ainsi constitué, soit par l'effet du gage à domicile, soit par l'effet direct de la loi, doit être enregistré et rendu public, non par la transcription littérale du contrat, mais par une inscription prise avec des énonciations essentielles prescrites par la loi, sur un registre spécial, au bureau du receveur d'enregistrement ;

7° Que ce privilège doit être primé par celui du bailleur, mais seulement pour les fermages échus, pour ceux de l'année courante et ceux de l'année qui la suit ; et qu'il doit, pour être valable, être notifié au bailleur ;

8° Qu'il n'y a pas lieu, quant à présent, de restreindre le privilège du propriétaire dans des cas autres que ceux d'emprunts faits par des fermiers pour les besoins de la culture ;

9° Qu'en cas de non paiement à l'échéance par l'agriculteur qui a donné un gage, ce gage doit pouvoir être vendu aux enchères, sans jugement, trente jours après une mise en demeure restée infructueuse.

10° Que tout cultivateur qui aura donné à ses engagements la forme de billets à ordre, doit être de plein droit justiciable de la juridiction commerciale, sans qu'il puisse être soumis, à raison de ses engagements, aux dispositions du titre III du Code de commerce sur les faillites.

Tel est le résumé des réformes législatives que votre Commission vous propose de conseiller aux pouvoirs publics.

Si elles sont réalisées, qu'en résultera-t-il ?

Le crédit agricole aura-t-il par là même et d'un seul coup atteint le niveau des espérances que son attente a fait naître dans certains esprits ? Non sans doute, et le crédit de l'agriculture restera toujours subordonné à des causes qui tiennent bien plus à des faits économiques et climatériques, qu'à des dispositions législatives. Mais s'il ne faut rien exagérer, il ne faut non plus rien amoindrir. Or, il est difficile de croire que les organes autorisés de l'agriculture aient depuis si longtemps demandé ces réformes, et que les gouvernements qui se sont succédé aient, pour se rendre à leurs vœux, accumulé documents sur documents, enquêtes sur enquêtes, s'il ne devait ressortir de la réalisation de ces réformes aucun avantage pour l'agriculture, surtout s'il devait en résulter des dangers. Après tant d'études faites par les hommes les plus compétents, après l'exemple qui nous est donné par plusieurs des peuples qui nous entourent, cette retraite, cet aveu d'impuissance non seulement seraient incompréhensibles, mais accuseraient dans notre pays une connaissance bien peu éclairée de la question et des besoins de l'agriculture.

D'ailleurs, si les réformes proposées ne peuvent avoir pour effet ni de créer le crédit agricole, ni surtout de l'organiser, elles contribueront certainement à l'améliorer. Qu'il se fonde une banque centrale avec des succursales, qu'il se fonde uniquement des banques locales ou qu'il ne se fonde aucun intermédiaire entre l'agriculteur et le capitaliste, il n'en est pas moins vrai que, s'il peut ajouter à son crédit personnel (qui pour les petits cultivateurs est souvent nul) le crédit réel résultant de ses ustensiles et de ses récoltes, et si ce gage peut être promptement réalisé, à peu de frais, à l'échéance, si le privilège du propriétaire est réduit à quelques années de fermage au lieu de s'étendre à un grand nombre d'années à échoir pendant toute la durée du bail, si, enfin, pour ses engagements souscrits sous la forme de billets à ordre, il est justiciable de tribunaux rendant des décisions promptes et sans procédure, le cultivateur obtiendra plus facilement des capitaux et à de meilleures conditions !

Que l'on n'invoque pas le danger chimérique du crédit pour l'agriculteur. L'adoption des réformes proposées n'offre, à nos yeux, aucun péril sérieux; si, comme nous l'avons dit, elle ne doit pas avoir pour effet de créer le crédit, elle aura celui de le fortifier et de l'augmenter. Elle aidera notre agriculture à traverser là crise actuelle, à lutter contre la concurrence étrangère, et, à mesure que l'instruction agricole se répandra dans nos campagnes, celle-ci apprendra à profiter des nouvelles facilités qui lui seront offertes pour tirer du sol, sur un espace déterminé, un produit plus abondant et pour augmenter ainsi la richesse du pays.

Dans sa séance du 1er avril 1885, la Société a discuté et successivement adopté les conclusions de ce Rapport.

Paris. — Imprimerie Jules TREMBLAY, rue de l'Éperon, 5 ;
Mme Ve TREMBLAY, née Bouchard-Huzard, successeur.

www.ingramcontent.com/pod-product-compliance
Lightning Source LLC
LaVergne TN
LVHW012000160826
845678LV00002B/636